BEI GRIN MACHT SICH IHR WISSEN BEZAHLT

- Wir veröffentlichen Ihre Hausarbeit,
  Bachelor- und Masterarbeit

- Ihr eigenes eBook und Buch -
  weltweit in allen wichtigen Shops

- Verdienen Sie an jedem Verkauf

Jetzt bei www.GRIN.com hochladen
und kostenlos publizieren

Bibliografische Information der Deutschen Nationalbibliothek:

Die Deutsche Bibliothek verzeichnet diese Publikation in der Deutschen National-
bibliografie; detaillierte bibliografische Daten sind im Internet über http://dnb.d-
nb.de/ abrufbar.

Impressum:

Copyright © 2002 GRIN Verlag, Open Publishing GmbH
Druck und Bindung: Books on Demand GmbH, Norderstedt Germany
ISBN: 9783668105232

David Wagner

Der Informationsverbund Berlin-Bonn (IVBB). Ein Schlüssel zur Modernisierung der Verwaltung

Stand 2002

GRIN Verlag

IVBB - Informationsverbund Berlin - Bonn

von

David Wagner

Informationsverbund Berlin-Bonn

1.   Einführung

Der Deutsche Bundestag hat am 20. Juni 1991 den Beschluss zur Vollendung der Einheit Deutschlands gefasst. In der Folge sind der Deutsche Bundestag und die Bundesregierung nach Berlin umgezogen. Die Regierungsfunktionen werden arbeitsteilig in Berlin und Bonn ausgeführt.

Vor diesem Hintergrund kommt der Sicherstellung der Funktionsfähigkeit und Zusammenarbeit eine strategische Bedeutung zu. Daher wurde der Informationsverbund Berlin-Bonn (IVBB) realisiert. Durch den Einsatz moderner und zukunftssicherer Informations- und Kommunikationstechnologie bleibt die Arbeitsfähigkeit der Bundesregierung trotz Dislozierung erhalten - in vielen Bereichen wird sie technisch und organisatorisch nachhaltig verbessert. Damit bietet der IVBB zugleich den Schlüssel zu einer umfassenden Modernisierung der Verwaltung. Im Januar 1999 begann der Wirkbetrieb auf Basis des breitbandigen IVBB -Netzes.

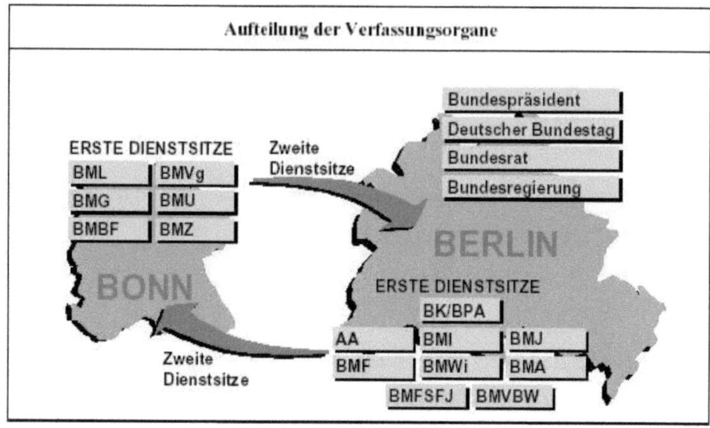

Nutzer im IVBB sind Bundestag, Bundesrat, Bundeskanzleramt und Bundesministerien, Bundesrechnungshof sowie nachgeordnete Bundesbehörden in Berlin und Bonn.

Das Gesamtprojekt IVBB besteht inzwischen aus zahlreichen sich laufend weiter entwickelnden Teilprojekten und Aktivitäten. In diesem Papier sind die wichtigsten Fakten zusammengefasst.

2.   Hintergrund, Geschichte

Die Bundesbehörden nutzten seit den 80er Jahren das Bonner Bundesbehördennetz (BBN), das auf ISDN-Technik basierte. 1994 erfolgte eine Ausschreibung zur Erweiterung dieses Netzes nach Berlin. Als Ergebnis realisierte die Deutsche Bundespost Telekom (die heutige Deutsche Telekom AG) die sogenannte IVBB-Einstiegslösung (auch „IVBB Minimalkonzept"), einen Ausbau des BBN um Verbindungen zwischen Berlin und Bonn und eine Netzinfrastruktur in Berlin.

1995 wurde das Konzept zur mittel- und langfristigen Realisierung des breitbandigen IVBB fertiggestellt. Parallel dazu erarbeitete das Bundesamt für Sicherheit in der Informationstechnik(BSI) das IT-Sicherheitskonzept für den IVBB. Das Bundeskabinett entschied im März 1996, Ausbau und Betrieb des dauerhaften, breitbandigen IVBB aus dem bestehenden BBN gemeinsam mit der Deutschen Telekom AG weiterzuentwickeln. Ein unabhängiges Ingenieurbüro sollte den Aufbau begleiten.

Im Oktober 1996 erhielt das Beratungsunternehmen Gora, Hecken & Partner (GHP) mit seiner Partnerfirma TEKO Ingenieurbüro nach einer Ausschreibung den Auftrag zur Erarbeitung des Realisierungskonzepts und zur Überwachung und Betreuung der Arbeiten zu dessen Umsetzung. Das Konzept wurde im Juni 1997 vorgelegt und mit den obersten Bundesbehörden abgestimmt. Am 05. Januar 1998 unterzeichneten BMI und DeTeSystem Deutsche Telekom Systemlösungen GmbH den IVBB-Vertrag. Der Vertrag hat eine Laufzeit von mindestens 10 Jahren (bis Ende 2008) mit einem einmaligen vorzeitigen Kündigungsrecht zum Ende 2003.

Zu den im BBN angebotenen ISDN-Diensten (Telefonie, Telefax) kamen im Laufe der Zeit weitere hinzu, insbesondere die elektronische Post (E-Mail). 1997 wurden ein gemeinsames Intranet (IVBB-Intranet) und ein zentraler Internetzugang für alle IVBB-Nutzer eingerichtet
(IP-Backbone). Eine zentrale Firewall schützt den Übergang zwischen den Netzen der Nutzer, dem IVBB-Intranet und dem Internet. Der IP-Backbone hat sich zu einem äußerst wichtigen Baustein des gesamten IVBB entwickelt: Die Bedeutung des gemeinsamen Intranet und des Internetzugangs nimmt ständig zu. Heute wird eine Vielzahl weiterer IP basierter Dienste über den IP-Backbone

abgewickelt. Modellvorhaben, insbesondere die vom BMBF geförderten POLI-KOM-Projekte, ermöglichten erste Erfahrungen bei der Einführung und Nutzung neuer innovativer Technologien. Bei Inbetriebnahme des breitbandigen IVBB-Netzes wurden die Dienste der IVBB-Einstiegslösung überführt (Überleitdienste) und bilden zusammen mit neuen Diensten die „Startdienste" ; das BBN wurde abgeschaltet.

3.   Projektbeteiligte

Die Koordinierungs- und Beratungsstelle der Bundesregierung für Informationstechnik in der Bundesverwaltung im Bundesministerium des Innern (KBSt) leitet die Planung und Realisierung des IVBB.

Die Abstimmungen mit den IVBB-Nutzern erfolgen im "Interministeriellen Koordinierungsausschuss für Informationstechnik in der Bundesverwaltung (IM-KA)". Seit kurzem gibt es zusätzlich den Steuerungsausschuss IVBB. Er nimmt die Aufgaben des gemäß IVBB-Vertrag vorgesehenen Nutzerbeirats wahr, über den die Wünsche der Nutzer bezüglich Betrieb und Diensteangebot einfließen.

Eine vom Bundesinnenminister berufene Expertenkommission IVBB (9 Mitglieder aus Industrie, Wissenschaft und Verwaltung) begleitete bis zum Wirkbetriebsbeginn die Arbeiten zum Aufbau des IVBB durch sachverständige Begutachtung sowie durch Anregungen und Vorschläge.

Das BSI ist zum Thema Sicherheit (im weitesten Sinne) in das Projekt eingebunden und stellt insbesondere die Umsetzung und laufende Fortschreibung des IT-Sicherheitskonzepts sicher. Das unabhängige Beratungsunternehmen Gora, Hecken & Partner und ihre Partnerfirma TEKO Ingenieurbüro überwachen und betreuen die Arbeiten zur Umsetzung des Realisierungskonzeptes. KBSt, BSI, GHP und TEKO nehmen gemeinsam die vielfältigen Aufgaben der Auftraggeberseite im täglichen Projektgeschäft wahr.

Die DeTeSystem als Vertragspartner des BMI und andere beteiligte Stellen der Deutschen Telekom realisieren und betreiben den IVBB.

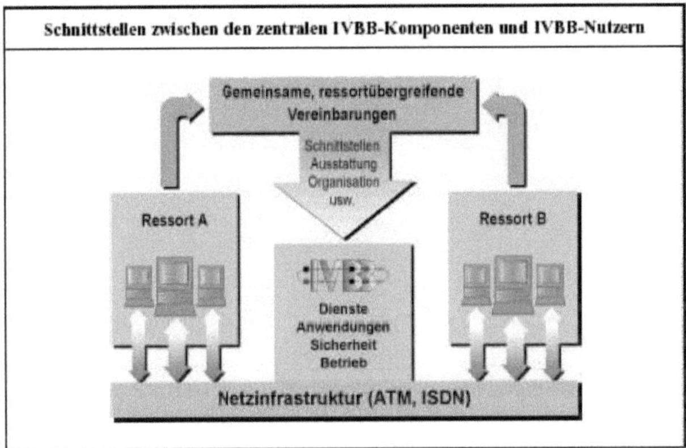

Darüber hinaus gibt es viele weitere Beteiligte, z. B. Lieferanten der Telekom oder Behörden und Firmen, die in zahlreichen Teilprojekten Dienste und Anwendungen konzipieren, erproben oder betreiben.

4.   Der breitbandige IVBB: im Wirkbetrieb seit Januar 1999

Im Januar 1999 und damit rechtzeitig vor Beginn der Umzugsaktivitäten hat der IVBB Wirkbetrieb begonnen. Grundlage ist ein separates, leistungsfähiges und zukunftssicheres breitbandiges Netz auf Basis der Synchronen Digitalen Hierarchie (SDH) mit hoher Verfügbarkeit. Die Nutzer sind über den sogenannten Behörden Network Terminator (BNT) mit einer Bandbreite von 188 Mbit/s angeschlossen (A-Liegenschaften). Häuser mit geringerem Bandbreitenbedarf (Außenstellen, nachgeordnete Bundesbehörden) werden über S2M-Schnittstellen (Bandbreite 2 Mbit/s) angebunden (B-Liegenschaften). Insgesamt werden ca. 30 000 Teilnehmer den IVBB nutzen.

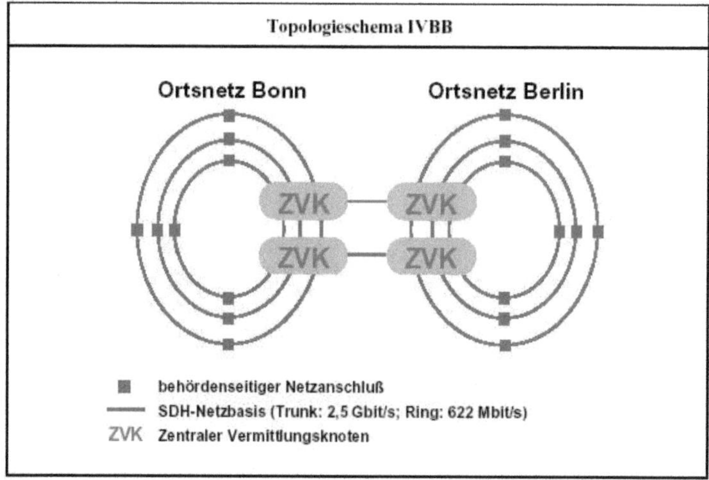

Seit 1998 werden die Liegenschaften angeschlossen. Im August 1998 begann der Probebetrieb. Nach Abschluss des Berlin-Umzugs werden rund 200 Liegenschaften vom IVBB bedient.

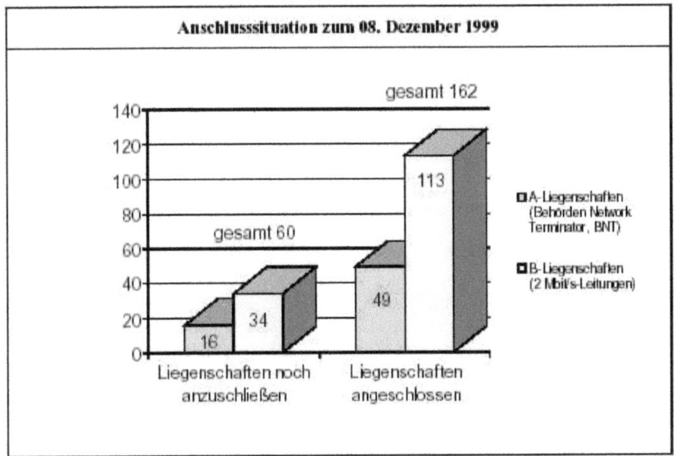

Der IVBB ist über die gemeinsame einheitliche Vorwahl 01888 aus dem öffentlichen Netz erreichbar. Über diese kann auch in das öffentliche Netz telefoniert werden („Break-out- Verkehr"); die Firmen DeTeSystem und MCI WorldCom sind als Ergebnis einer Ausschreibung mit dem Verbindungsnetzbetrieb beauftragt.

Die hohen Anforderungen an die Verfügbarkeit, Vertraulichkeit und Integrität der Kommunikation werden durch entsprechende Sicherheitsmaßnahmen erfüllt. Die Kommunikation im IVBB erfolgt grundsätzlich verschlüsselt. Wenn technisch möglich und wirtschaftlich vertretbar, soll Ende-zu-Ende-Sicherheit auf Anwendungsebene erreicht werden, z. B. für den elektronischen Dokumentenaustausch.

5.   Anbindung über Behörden Network Terminator (BNT)

Berlin und Bonn werden durch Trunks mit einer Übertragungsrate von 2,5 Gbit/s verbunden. Innerhalb der beiden Städte wurden SDH-Ringe mit jeweils

622 Mbit/s errichtet; an einen Ring sind jeweils maximal drei Lokationen angeschlossen.

Der hausseitige physikalische Zugang zum IVBB-Transportnetz ist der Behörden Network Terminator (BNT). Er wird technisch in Form eines Add-Drop-Multiplexers (ADM) und ggf. eines Terminalmultiplexers (TM) realisiert und unterliegt dem IVBB-Netzmanagement. Der BNT wird den Häusern mit einer Schnittstellen-Basiskonfiguration vom IVBB bereitgestellt, die bedarfsgerecht angepasst werden kann.

Physikalische Schnittstellenmodule	
Schnittstelle	**Anzahl**
1. 64 Kbit/s (über Terminalmultiplexer)	8
2. S_0 (über Terminalmultiplexer, Anschluß von bis zu acht Endgeräten)	8
3. 2 Mbit/s	8
4. S_{2M} (30 ISDN-Nutzkanäle und ein Signalisierungs-(D-)Kanal)	8
5. SDH 155 Mbit/s	1
oder optional: ATM 155 Mbit/s	1
6. SDH 34 Mbit/s	optional

6.   Dienste und Anwendungen im IVBB

Mit dem Projektfortschritt nimmt die Bedeutung der Dienste und Anwendungen im IVBB ständig zu. Nur wenn diese von den Teilnehmern genutzt werden und Akzeptanz finden, kann der IVBB seine Ziele erreichen.

Folgende Dienste befinden sich zur Zeit im sogenannten IVBB-Warenkorb:

Nr.	Dienste im IVBB-Warenkorb	Art	Realisierungszeitpunkt			
			Über-leit-dienst	Start-dienst	Neuer Dienst	Optio-nal
1.	ISDN (64kbit/s bis 2Mbit/s) am BNT (Anschlussart A) oder über Festverbindungen (Anschlussart B)	B		X		
2.	ATM (STM-1) am BNT	B		X		
3.	IP über ATM am BNT (Breitband IP)	B		X		
4.	ISDN-Dienste (z.B. Telefonie, Telefax)	Z	X			
5.	IP über ISDN	Z	X			
6.	X.25	Z	X			
7.	Breitband-Intranet (IP-Backbone auf ATM-Basis)	Z		X		
8.	Nutzung von Internet-Diensten (HTTP, FTP, DNS, News)	Z	X			
9.	E-Mail (X.400)	Z	X			
10.	E-Mail (SMTP)	Z	X			
11.	Video-Konferenz Mehrpunkt, Nutzung der MultipointControl Unit (MCU)	Z	X			
12.	Video-Konferenz Punkt-zu-Punkt (incl. Application Sharing, Joint Viewing / Editing)	T	X			
13.	IVBB-Informationsdienst (im Intranet)	Z		X		
14.	Verzeichnis-Dienst (X.500)	Z		X		
15.	Corporate Network für einen Nutzer auf Basis einer LAN-Kopplung	Z	X	X		
16.	Corporate Network für einen Nutzer auf Basis	T	X	X		

Nr.	Dienste im IVBB-Warenkorb	Art	Realisierungszeitpunkt			
			Über- leit- dienst	Start- dienst	Neuer Dienst	Optio- nal
	einer TK-Anlagenkopplung					
17.	Parlamentsfernsehen Stufe 1 (1 Kanal mit 48kb im IP-Backbone)	Z				X
18.	Computer Based Training (CBT) im Intranet	Z			Pilot abge- schlossen	
19.	Sphinx (Digitale Signatur und Verschlüsse- lung für elektronischen Dokumentenaustauch)	Z			Pilot läuft	
20.	Workflow	T			Pilot läuft	
21.	Parlamentsfernsehen Stufe 2 (MPEG 1, MPEG 2, TV-Endgeräte)	Z			seit 9/99	
22.	VS-Kommunikation	T			in Vorbe- reitung	
23.	Zugänge zu Datenbanken (z.B. EU- Dokumente, OLIS)	Z			X	
23a	EU-Dokumente	Z			seit 9/99	
23b	OLIS	Z			seit 9/99	
23c	NJW	Z			ab 1/00	
24.	T.120 Server für Datenkonferenzen (Joint Editing / Joint Viewing)	Z				X
25.	Centrex (Virtuelle Nebenstellenanlage)	Z				X
26.	Voice-Mail/Sprachspeicher	Z				X
27.	Faxspeicher	Z				X
28.	E-Mail Sprachausgabe	Z				X
29.	Teledolmetschdienst	Z				X
30.	Konvertierungsdienste	Z				X
31.	Zugangsdienste (Authentisierung)	Z				X
32.	Sprachdienste / Sprachmehrwertdienste	Z				X
33.	Billing (Tools zur nutzerinternen Rechnungs- stellung)	Z				X

Art: B = IVBB-Basisdienste.
T = Transparente Übertragung, Dienst wird von Nutzerkomponenten realisiert.
Z = Dienst umfasst zentrale Komponenten im IVBB.

Sicherheits- und Konvertierungsfunktionalitäten werden jeweils beim entsprechenden Dienst implementiert. Über die Einführung der optionalen Dienste wird zu gegebener Zeit entschieden.

Das IT-Schulungskonzept für den IVBB bildet die Grundlage für die Ergänzung des ITFortbildungsprogramms des Bundes, um den IVBB-spezifischen Schulungsbedarf zu decken. Ein Pilotversuch zum computer-gestützten Lernen ergab, dass entsprechende Angebote sinnvoll und notwendig sind, jedoch auf hausinternen und nicht auf zentralen IVBB-Servern

bereitgestellt werden sollten.

6.1. IP-Backbone: Intranet des Bundes und gesicherter Internetzugang

Der IVBB ist die Plattform für das IVBB-Intranet und stellt den zentralen Zugang zum Internet bereit. Folgende Protokolle werden hierbei unterstützt:

- World Wide Web (WWW),

- File Transfer (FTP),

- Domain Name Service (DNS),

- News,

- Terminalanbindung (Telnet),

- Elektronische Post (E-Mail, X.400 und SMTP),

- Zukünftig: Sichere Videokonferenzen

Aus Sicherheitsgründen werden zunächst keine weiteren Dienste angeboten.

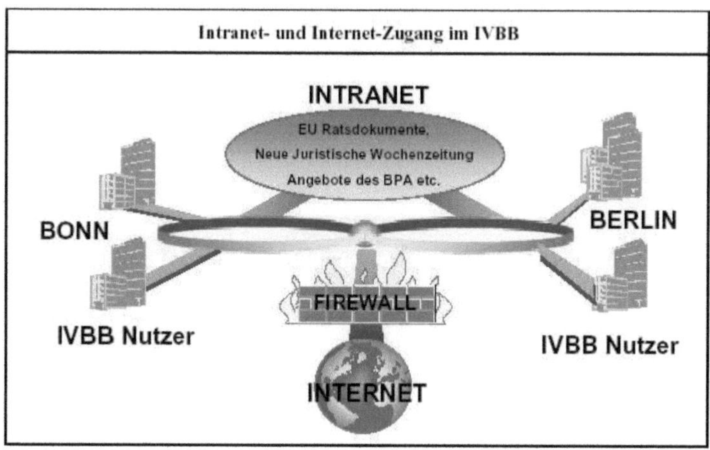

Das IVBB-Intranet soll eine Informationsdrehscheibe für alle Nutzer sein. Sie können nach eigenem Ermessen in diesem Netz Informationen bereitstellen. Es handelt sich dabei um Informationen, die typischerweise nicht im Internet vorhanden sind, also unter Umständen nichtöffentliche Informationen. Das IVBB-Intranet stellt damit die Stufe der Behördenöffentlichkeit dar. Selbstdarstellungen und Pressemitteilungen gehören ihrer Natur nach eher in das Internet (zu den heute im Intranet bereitgestellten Diensten).

Die zentrale Firewall nimmt zwei Funktionen wahr: sie schützt einerseits die Nutzer vor Eindringlingen aus dem Internet. Andererseits werden die Nutzer gegenseitig vor Eindringlingen geschützt. Der Internet-Zugang ist auf Bonn und Berlin aufgeteilt.

6.2.   Elektronischer Dokumentenaustausch (E-Mail)

Das E-Mail-System des IVBB bietet die Möglichkeit des elektronischen Doku-
mentenaustausches sowohl über Internet-Mail (SMTP) als auch auf der Grundlage des Message Handling System (X.400). Die Interoperabilität zwischen den
beiden Systemen wird durch SMTPX. 400-Gateways gewährleistet. Der Dokumentenaustausch zwischen den IVBB-Nutzern erfolgt verschlüsselt.

Der IVBB stellt einen zentralen Message Transfer Agent (MTA) zur Verfügung,
der die Vermittlungsfunktion für die E-Mail wahrnimmt (Relay-MTA). Die
Message Transfer Agents der Nutzer kommunizieren per TCP/IP mit dem Relay-MTA.

Jeder Teilnehmer am IVBB-E-Mail Dienst hat eine eigene eindeutige Adresse.
Zum Abruf von E-Mail-Adressen und Telefonnummern wird ein zentraler X.500
Directory-Dienst angeboten.

6.3.   Videokonferenzen

Videokonferenzen werden im IVBB entweder auf Basis des Telefonnetzes
(ISDN, H.320) oder aber auf dem Datennetz (IP, H.323) durchgeführt.

Die IP-basierten Systeme, die eine höhere Bildqualität erreichen, werden zunächst innerhalb der Ressorts, die ihre lokalen Netze (LAN) in Berlin und Bonn
über den IVBB gekoppelt haben, eingesetzt. Für die ressortübergreifende Kommunikation wird zur Zeit das erforderliche Sicherheitskonzept erarbeitet.

Die ISDN-Systeme werden auch ressortübergreifend und in der Kommunikation zu Dritten eingesetzt. Sogenannte Gateways sorgen für die Interoperabilität der zwei Welten. Als zentraler Dienst wird eine MCU (Multipoint Control Unit) bereitgestellt, die Konferenzen mit mehr als zwei Teilnehmern ermöglicht.

6.4. IVBB-Informationsdienst im Intranet

Die umfassende Information aller Projektbeteiligten ist von entscheidender Bedeutung für den Erfolg eines Projekts. Dieses gilt ganz besonders für den IVBB aufgrund seiner Größe, der Vielzahl der Teilnehmer und der Angebote.

Der IVBB-Informationsdienst ist einer von vielen Bausteinen zur Befriedigung dieses Bedarfs und wird Zug um Zug zu einer zentralen Informationsdrehscheibe ausgebaut. Er richtet sich an alle Teilnehmer in allen an den IVBB angeschlossenen Häusern. Darüber hinaus gibt es spezielle Informationen für die IT-Referate bei den Nutzern, die mit der Umsetzung der IVBB-Dienste vor Ort betraut sind. Technisch ist der IVBB-Informationsdienst als Web- Server im IVBB-Intranet realisiert. Die Web-Technologie erlaubt einen flexiblen Zugriff auch auf Informationen auf anderen Servern durch Verweise ('links').

Der Informationsdienst orientiert sich zunächst am IVBB-Warenkorb. Für jeden Dienst im Warenkorb stehen umfangreiche Informationen zur Verfügung:

- Zugangsmöglichkeiten und Serviceangebote,
- Erläuterungen zu den technischen und organisatorischen Voraussetzungen, die bei den Nutzern zu schaffen sind, damit die Teilnehmer den Dienst am Arbeitsplatz nutzen können,
- Erläuterungen zur Nutzung des Dienstes am Arbeitsplatz,
- Beschreibung der beim Dienst zum Einsatz kommenden Komponenten,
- Hinweise zur Sicherheit,

• Verzeichnis der verfügbaren Schriften mit Download-Möglichkeit,

• Planungen usw.

Weiterhin stehen allgemeine Informationen zum IVBB zur Verfügung, z. B. Ansprechpartner, Verfahren für Störungsmeldungen, Erläuterungen zum User Help Desk, Service- und Testcenter sowie Distributionscenter. Die notwendigen Formulare stehen in elektronischer Form bereit. Störungsmeldungen und Abrufe von Leistungen können durch die benannten Beauftragten der Nutzer direkt elektronisch vorgenommen werden.

6.5. Parlamentsfernsehen

Das Parlamentsfernsehen ist im Rahmen des Berlinumzuges erheblich erweitert worden. Es werden nun 5 Programme angeboten: Deutscher Bundestag (mit Videotext), Bundesrat, Bundespressekonferenz e.V., MAZ-Zuspielungen des BPA und, bis zum Umzug in den Neubau, ein Tonkanal aus dem Kanzleramt.

Die Programme werden via Satellit übertragen. Durch eine spezielle Verschlüsselung wird aber trotzdem eine geschlossene Benutzergruppe realisiert. Neben den eigentlichen Nutzern, den Ministerien, können auch andere Teilnehmer in ganz Europa versorgt werden.

Jeder Empfänger verfügt über eine Empfangsstation. Die Programme werden üblicherweise in die Breitbandkabelnetze der Nutzer eingespeist. Sie werden aber auch als IP-Multicast für die Übernahme in die jeweiligen Datennetze angeboten.

6.6.   SPHINX: Piloterprobung zur Einführung der digitalen Signatur

Im Pilotprojekt SPHINX wird derzeit die benutzerfreundliche und herstellerinteroperable Einbettung von digitalen Signaturen und Verschlüsselung in Anwendungen (insbesondere E-Mail-Programme) erprobt.

Es ist angedacht, für alle Chipkarten-Anwendungen eine universelle Chipkarte einzuführen (privater Schlüssel für Digitale Signatur und Verschlüsselung, Zutrittskontrolle, Zeiterfassung, Geldkarte u. a.).

Teilnehmer der Erprobung sind Mitarbeiterinnen und Mitarbeiter aus Bundes-, Landes- und Kommunalverwaltungen sowie Wirtschaft und Verbänden.

Anforderungen an die Sicherheitsinfrastruktur und Ziele der Erprobung sind:

- Herstellerübergreifende Interoperabilität, d. h. auch zwischen den Produkten unterschiedlicher Hersteller können signierte bzw. verschlüsselte Nachrichten ausgetauscht werden. Alles andere würde die Flexibilität der E-Mail stark einschränken.

- Hohe Anwenderakzeptanz, orientiert an Preis-Leistungsverhältnis und Bedienungsfreund lichkeit der Produkte (Integration in gängige E-Mail-Software),

- Zukunftssicherheit der Sicherheitsinfrastruktur,

- Einheitlich definiertes Sicherheitsniveau für technische Komponenten und organisatorische Maßnahmen, das im Einzelfall auch nachprüfbar ist,

- Erprobung und Weiterentwicklung der Funktionalität,

- Abschätzung des personellen, finanziellen und organisatorischen Aufwands.

Mit der Erprobung sind die Beteiligten diesen Zielen bereits sehr nahe gekom-

men. Jetzt sollen die Voraussetzungen geschaffen werden, um digitale Signatur

und Verschlüsselung zum breiten Einsatz zu bringen, zunächst im IVBB. Paral-

lel dazu werden im Rahmen einer dritten Erprobungsphase weitere Funktionali-

täten einbezogen und getestet, insbesondere das Zertifikatsformat X.509V3 und

Interoperabilität zum Mailaustauschformat S/MIME.

7.   Informationen im IVBB-Intranet

Das IVBB-Intranet (www.ivbb.bund.de) bildet eine Zwischenstufe zwischen den

hauseigenen Intranets und dem Internet. Folgende Informationen sind verfügbar;

Informationen im Internet sind hier nicht aufgeführt:

<u>Verzeichnisse:</u>

• X.500-Verzeichnis: Telefon-, Fax- und E-Mail-Verzeichnisse sowie

   Zuständigkeiten der IVBB-Nutzer, einschließlich Anschriftenverzeichnis des

   Bundes (Informationen werden zur Zeit von den Häusern eingestellt)

<u>elektronische Version von Publikationen:</u>

• juris-Datenbank

• Neue Juristische Wochenzeitschrift (NJW)

<u>Fachdatenbestände:</u>

• Angebote von IVBB-Nutzern im IVBB-Intranet:

• Presse- und Informationsamt der Bundesregierung (BPA),

   z. B. Nachrichtenspiegel

• Bundesministerium für Arbeit und Sozialordnung (BMA)

• Bundesakademie für öffentliche Verwaltung (BAköV) im BMI

• Koordinierungs- und Beratungsstelle der Bundesregierung für

Informationstechnik in der Bundesverwaltung (KBSt) im BMI

- Bundesamt für Sicherheit in der Informationstechnik (BSI)

- Beschaffungsamt des BMI (BeschA)

Hinzu kommen die Angebote der Bundeseinrichtungen im Internet.

- Vorhabendatenbank der Bundesregierung (Bundeskanzleramt)

- EU-Ratsdokumente (Anwendung des EU-Ratssekretariats wird für das

  IVBB-Intranet

  übernommen)

- OECD-Dokumente (Zugang zum OLISnet)

- IT-Fortbildung, IVBB-Schulungskonzept

Umzugsinformationen:

- Wohnungsangebote Berlin und Bonn

IT-Informationen:

- IT in der Bundesverwaltung: IT-Richtlinien, KBSt-Schriftenreihe,

  KBSt-Briefe, KBSt- Empfehlungen usw.

- IVBB-Informationen: Info-Server (service.ivbb.bund.de), Angebote der KBSt,

  Informationsbriefe IVBB

Ferner gibt es Mailing-Listen, z. B. „EU-Dokumente" und „IVBB Informationen".

Weitere Informationsangebote befinden sich in Vorbereitung:

- Suchmaschine für das IVBB-Intranet

- Zugriff auf vorhandene Datenbanken

- Kopplung mit Bibliotheksystemen (Abruf der Kataloginformationen,

  Recherchen usw.)

- Elektronische Version der Zeitschrift Arbeitsrechtliche Praxis (AP)

  (Sommer 1999)

8.   Unterstützung für IVBB-Nutzer

Zur Unterstützung der IVBB-Nutzer wurden verschiedene organisatorische Einheiten eingerichtet.

- User Help Desk (UHD)

  Der User Help Desk ist die zentrale Servicestelle des IVBB. Er ist für die
  Annahme, Sammlung und Lösung von zentralen, IVBB-relevanten
  IT-Problemen der IVBB-Nutzer zuständig. Dieser zentrale Nutzerservice
  gewährleistet, dass den IT-Verantwortlichen der Nutzer Ansprechpartner zur
  Verfügung stehen, welche umfangreiches Wissen über die zentralen
  IT-Komponenten, Dienste und Anwendungen haben. Der zentrale UHD
  ersetzt hierbei nicht den hausinternen Benutzerservice der Nutzer.

- Service- und Testcenter (STC)

  Das Service- und Testcenter dient der effektiven Qualitätssicherung der
  IVBBInfrastruktur und der Unterstützung der Nutzer sowohl in der
  Einfüh rungs- als auch in der Betriebsphase von Komponenten. Hier können
  Tests mit der IVBB-Standardkonfiguration durchgeführt werden.

- Distributionscenter

  Hier erfolgt die Lagerung und Distribution von IVBB-Komponenten, die für
  den Netzausbau oder als Ersatzgeräte im Fehlerfall benötigt werden.

- Netzwerk Management Center (NMC)

  Zur Beherrschung der Systemlandschaft im IVBB ist der Einsatz eines
  leistungsfähigen Netz- bzw. Systemmanagements unabdingbar. Hier werden
  Komponenten und Netzelmente verschiedener Hersteller zentral überwacht.

9.   Öffentlichkeitsarbeit, Veröffentlichungen

KBSt-Schriftenreihe

- Studie " IT-Unterstützung im Informationsverbund Berlin-Bonn (IVBB)" , Band 30, 1994
- Planungsunterlage " IT-spezifische Anforderungen an bauliche Maßnahmen (IT-Anfo-Bau)" , Band 29, 1993
- Studie " Internet für die obersten Bundesbehörden" , Band 32, 1995
- Leitfaden "Realisierung der IT-Strukturkomponente Strukturiertes Verkabelungssystem (IT-Kabel-Sys)" , Band 33, 1996
- Organisationskonzept und Leistungsverzeichnis "DOMEA - Aufbau eines Pilotsystems für Dokumentenmanagement und elektronische Archivierung im IT-gestützten Geschäftsgang", Band 34, 1997
- Handlungsleitfaden „IT-gestützte Vorgangsbearbeitung" , Band 35, 1997
- Informationsverbund Berlin-Bonn: Übersicht und Realisierungskonzept, Band 39, 1998
- Konzept zur Aussonderung elektronischer Akten, Band 40, 1998
- Abschlussbericht DOMEA, Band 41, 1998
- SPHINX Pilotersprobung Ende-zu-Ende-Sicherheit, Bände 42+44, 1999
- SPHINX: PKI Organisationshandbuch, Band 46, 1999

Weitere **Veröffentlichungen**:

- Leporello in deutscher und in englischer Sprache, in Papierform und im Internet,
- IVBB-Plakat,
- Foliensatz für die einheitliche IVBB-Präsentation in deutscher und in englischer Sprache,
- „IVBB aktuell" - vierteljährlich erscheinender Newsletter für die Zielgruppe

der IVBB Teilnehmer (www.ivbb.de); es sollen insbesondere die Anwender in den Häusern angesprochen werden, um ihnen Einblicke in die Hintergründe, Technologien und Dienste des IVBB zu geben; ein Schwerpunkt liegt auf praktischen Hinweisen zur Nutzung von Intranet- und Internet-Angeboten,

- Web-Angebote im Internet (www.kbst.bund.de),
- Buch „Informationsverbund Berlin-Bonn" , Fossil-Verlag 1998.

10.   Ausblick, Informationsverbund der Bundesverwaltung

Ein "Informationsverbund der Bundesverwaltung (IVBV)", ein Corporate Network aller Bundeseinrichtungen, soll künftig die effiziente Kommunikation und Informationsbereitstellung in der gesamten Bundesverwaltung ermöglichen. Der IVBV umfasst den Zugang zu zentralen IVBB-Diensten sowie den Zugriff auf zentrale Informationen. Die Kopplung mit den Netzen der Länder sowie europäischer und internationaler Partner fließt in die Konzeption ein.

Ein Realisierungsvorschlag für den IVBV wird zur Zeit unter Berücksichtigung von in Teilbereichen der Bundesverwaltung vorhandenen Netzen und weiterer rechtlicher, funktionaler, technischer und wirtschaftlicher Faktoren erarbeitet. Auf dieser Basis sollte 2000 im Rahmen einer Ausschreibung ein Carrier / Dienstleister ermittelt werden.

Unter dem Sichtwort „IVBB – Quo Vadis?" hat die KBSt den Diskussionsprozess zur mittel und langfristigen Weiterentwicklung des IVBB angestoßen. In einem Workshop mit Vertretern aus Wirtschaft, Wissenschaft und Verbänden wurden Expertenmeinungen eingeholt und auf der Grundlage einer Szenariotechnik prognostizierend gebündelt. Die Ergebnisse sollten im Frühjahr 2000 vorliegen und die Basis für die Diskussion und Entscheidung im Steuerungsausschuss IVBB über Maßnahmen sein.

11.   Quellenangabe

Informationen aus dem Internet

-www.kbst.de

-www.bund.de

-„IVBB aktuell"

Informationen aus Literatur

-„Informationsverbund Berlin-Bonn", Fossil-Verlag 1998

-„Internet für die obersten Behörden",Band 32, 1995